闽粤栲栽培实用技术

洪宜聪　郑双全　黄健韬　谢莹 ◎ 编著

中国林业出版社
CFPH
China Forestry Publishing House

图书在版编目(CIP)数据

闽粤栲栽培实用技术 / 洪宜聪等编著. -- 北京 :中国林业出版社, 2018.7
ISBN 978-7-5038-9608-8

Ⅰ. ①闽… Ⅱ. ①洪… Ⅲ. ①栲属－栽培技术 Ⅳ. ①S718.4

中国版本图书馆CIP数据核字(2018)第129675号

中国林业出版社 · 生态保护出版中心
策划、责任编辑：李　敏

出版发行　中国林业出版社（100009 北京西城区德内大街刘海胡同 7 号）
　　　　　http://lycb.forestry.gov.cn　　**电话**：(010) 83143575
印　　刷　三河市祥达印刷包装有限公司
版　　次　2018 年 7 月第 1 版
印　　次　2018 年 7 月第 1 次
开　　本　880mm × 1230mm　1/32
印　　张　1.75
彩　　插　8 面
字　　数　59 千字
定　　价　48.00 元

前言

PREFACE

由于人们对阔叶林所具有的功能及作用认识不足，盲目追求经济效益，一直以来在闽西北地区的人工林均营造杉木（*Cunninghamia lanceolata* Lamb.）和马尾松（*Pinus massoniana* Lamb.）纯林，大面积的阔叶林被掠夺性采伐，取而代之的是单一树种的人工林，造成林分针叶化日趋严重，林分结构简单。

我国南方重点区位生态林，其前身多为商品用材林，由于国家基础建设后，出于生态保护需要而划定为生态林，它们大多为杉木、马尾松等针叶纯林，树种单一。随着年份的增加，林龄老化，森林生态系统脆弱，林分稳定性、抗逆性差，水土流失严重，生态环境恶化，引发地力严重衰退，林分生物多样性锐减，林地生产力下降，林分抵御自然灾害的能力差，有害生物猖獗，各种自然灾害频发，自然灾害过后，漫山遍野尽是被折损的树木，如同被洗劫过一样，严重影响了森林的生态效益和社会效益。

长期针叶林纯林连作导致的林地地力下降和生态失衡已普遍为林农所认识。应用科学、高效的营林技术，营造阔叶林、针阔同龄混交林及针阔异龄复层混交林，将生态区位内的针叶纯林改造成树种多样、结构合理、功能齐全、长期稳定的森林生态系统，建立一套适应重点区位生态林的针叶纯林定向改造及生态复合林重建技术整体水平而又高效、经济的营林手段，以达到提高或修复森林生态系统，提高林分生态功能的目的，实现林分多目标经营新途径，已成为林业生产上急需解决的首要问题。

推广闽粤栲栽培技术，营造闽粤栲为主针阔混交林，有利于改善树种结构，增强土壤肥力，提高林分的抗逆性和稳定性，是缓解我国阔叶树资源供需矛盾的主要途径。

本书较全面、系统地介绍了有关闽粤栲的栽培实用技术知识，旨在推广高效培育福建省的主要乡土阔叶树种，为南方杉木马尾松人工林质量改造与提升和重点区位生态林的针叶纯林定向改造及生态复合林重建提供技术支撑，为深化林业改革提供科技服务。

全书共6章，系统地介绍了闽粤栲树种特性，种子采收、处理与贮藏，苗木培育，造林，林分管护，林分高效培育关键技术等。在编写过程中，笔者力求科学性、可操作性，文字注重通俗易懂。

本书在编写过程中得到了李建民、丁珌、周东雄的指导，以及福建省沙县林业局、福建省沙县官庄国有林场等部门的支持，在此一并致谢。由于时间和水平限制，书中难免存在错误和不足之处，敬请广大读者批评指正。

编著者

2018年1月

目录

CONTENTS

第一章 概述

一、闽粤栲

（一）形态特征

闽粤栲（*Castanopsis fissa* Rehder E.H. Wilson）别名黧蒴栲，为壳斗科（Fagaceae）锥属（*Castanopsis*）的常绿乔木，高可达20m。嫩枝具棱。叶倒卵状披针形或倒卵状椭圆形，长15～25cm，有钝锯齿或波状齿，下面被灰黄色或灰白色鳞秕，侧脉15～20对，叶柄长1～2.5cm（图1）。每总苞内具雌花1～3朵。果序长7～15cm。壳斗全包坚果，成熟时上部常裂开，鳞片三角形，基部连生成4～6个同心环，具1枚坚果。坚果栗褐色，卵球形（图2）。7～8年生开始结实，盛果期早，结果大小年现象不明显，花期4～6月，果期10～12月。

图1　闽粤栲叶片

图2　闽粤栲坚果

（二）分布范围

闽粤栲分布于福建、江西、湖南南部、广东、广西、贵州南部以及云南东南部，中亚热带海拔 200～850m 暖湿坡谷地的常绿阔叶林中，是中亚热带常绿建群阔叶林主要组成树种之一，是福建省的主要乡土阔叶树种。

（三）生长环境

闽粤栲性喜光，是一种常绿阔叶旱生中等乔木，主要生长在半山腰、疏林、肥沃泥土中，适生于气候温暖、湿润、土壤肥沃的地方，特别是在山谷、山洼、阴坡下部及河边台地，土层深厚疏松，排水良好，中性或微酸性的壤质土壤上生长尤佳（图 3）。

（四）生长习性

闽粤栲为中性偏喜光树种，属深根性，冠幅宽大（图 4），萌芽力强，可采用萌芽更新，喜肥喜湿，对土壤肥力要求不高，较耐干旱瘠薄，在荒山能生长成林，幼年能适当耐阴，可于林冠下更新，随着年龄的增长，需光量增强。闽粤栲为速生树种，适应性强，容易繁殖，生长速度快，在中等立地条件下树高年生长量可达 1m，胸径年生长量可达 1cm 以上。

图 3　闽粤栲人工林

图 4　闽粤栲林分

（五）用途

闽粤栲用途广、材质优，是经营小径材、薪炭材、食用菌专用材和建筑、家具、纸浆材的优良树种，同时其根系发达，枝叶繁茂，落叶量大，亦是改良土壤和营造水源涵养林、生态公益林的优良乡土阔叶树种，发展闽粤栲种植可以实现永续利用，具有较高的经济效益和生态效益。

二、闽粤栲培育总体目标

闽粤栲集经济效益、生态效益和社会效益于一身，是优良碳汇林、能源林、食用菌专用林、水源涵养林。一段时期以来，闽粤栲人工栽培得到了林业生态学家、林学家的高度重视，深受广大林业经营者的青睐。闽粤栲栽培应遵循闽粤栲栽培技术规范（DB35/T 1525—2015）（附录）。

闽粤栲林分稳定性好，生态功能强。培育闽粤栲林分，营建杉木、闽粤栲或马尾松、闽粤栲同龄混交林和异龄复层混交林，可改善林分结构，提高林分生态功能，提高重点区位生态林的生态功能，提升林分质量，解决纯林因树种单一、林龄老化所产生的林分生态功能脆弱问题，实现重点区位生态林改造与修复，培育优质的杉木、马尾松大径材，实现林分多目标经营，保护和发展福建省常绿阔叶林树种。发展闽粤栲林分既可保护人类居住自然环境，又能获取较大的经济收入，达到“产业健康发展、生态良好保护、林区和谐稳定、人民增收致富”的产业建设目标，起到促进林业增效、林农增收、农村发展的作用。

（一）经济效益

闽粤栲干形通直，出材率高，木材木质部色白，纹理通直，比重小，材质轻，生长迅速 ，用途广泛，枝干是培育食用菌的优良材料，亦是造纸、人造板和建筑等的主要原材（图 5），属速生快长的商品林树种，林分经济效益显著。

（二）生态效益

闽粤栲有很高的生产力和生态功能，是优良的生态树种。其根系发达，枝叶繁茂，每年产生大量枯落物回归林地改良土壤（图 6），使得土

图5　闽粤栲用材林

图6　闽粤栲林分枯枝落叶

壤的水肥状况得到提高，改善了林木的生长环境，促进林木的生长。提高了土壤的物理、化学性质，使土壤渗透力增强，林分表现出很高的涵养水源及保持水土的功能。闽粤栲可提升林分的保水固土能力、种群的丰富度以及生物多样性指数、碳汇储量与固碳释氧能力，生态效益十分显著。

（三）社会效益

闽粤栲具有生长快，适应性强，对土壤要求不高，耐瘠薄，尤其对紫色土有很强的适应能力，常为次生林的先锋树种，可用于荒山绿化造林。营建闽粤栲林分，既能保护人类居住自然环境，又能获取较大的经济收入，达到“生态美与百姓富”的有机统一（图7），践行了“绿水青山就是金山银山”的理念，最终实现“生态得保护，林农得实惠”的双赢目标，社会效益显著。

图7　闽粤栲景观林

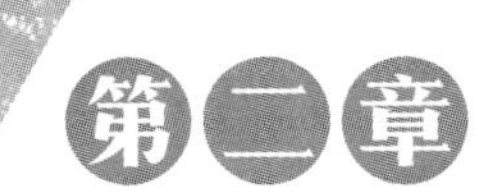

第二章 闽粤栲种子采收

闽粤栲 7～8 年开花结果，花期 4～5 月，11～12 月果实成熟。闽粤栲种子一般在 10 月后陆续成熟，果易开裂脱落，应及时采收，防止受害虫危害和霉变。成熟时壳斗开裂，坚果自行脱落，可直接在林下捡拾或上树钩打下收集。呈栗褐色、光滑、大粒、饱满的坚果为优质种子；呈黄白色和果皮皱缩、色泽比较暗淡的为不成熟或质量差的种子。

一、母树选择与采种方法

（一）母树选择

选择树龄 15 年以上、干形通直、生长健壮、无病虫危害的闽粤栲为采种母树（图 8）。

图 8　闽粤栲母树林

（二）采种时间与方法

于每年 11～12 月，在果实成熟壳斗开裂前，铺设塑料薄膜，用竹竿敲打，连壳斗一起收集；闽粤栲种子成熟壳斗开裂后，会自然落下，在树下及时拾取卵形粒大、栗褐色、饱满、光亮洁净、无病虫害的种子（图 9、图 10），以保证品质的优良性。试验表明 11 月中旬至 12 月中旬为闽粤栲种子采收的最佳时机（表 1）。

图 9　自然落下的种子

图 10　种子

表 1　不同时间采收闽粤栲种子发芽率

采收时间	10月中旬	10月下旬	11月上旬	11月中旬	11月下旬	12月上旬	12月中旬	12月下旬	翌年1月上旬	翌年1月中旬
发芽率（%）	0	8.3	82.5	93.2	95.4	90.7	89.1	85.6	35.2	10.6

二、种子处理与贮藏

（一）种子处理

对采回的种子应及时进行处理，方法是：将果实平铺于室内 2～4 天，待壳斗裂开后取出种子，进行水洗后，将浮在水上面的劣质种子和杂质去除，将沉在水下的种子放入 45℃温水中浸种 20min，或采用 0.15% 的福尔马林溶液浸种 30min，取出阴干，以杀死种子内幼虫。

（二）种子贮藏

采回的坚果不能暴晒，也不要堆放，否则会降低发芽率，秋末冬初播种的不必进行种子贮藏，采种后通过种子处理即可直接播种育苗。闽粤栲种子宜即采即播，翌年春季播种的种子，可采用低温湿沙贮藏，方法是在室内按一层湿沙、一层坚果交错堆放，每层厚 5～7cm，沙量为种子的 3 倍以上，湿沙以用手抓成团为准，贮藏期间切勿淋水，同时，贮藏房要注意通风，防鼠，贮藏期间翻动 2～3 次，以免发热变质，防止种子窒息或霉变，影响发芽率。

播种时应去除霉变、虫害种子，种子质量应符合表 2 的规定。

表 2　闽粤栲种子质量分级

Ⅰ级			Ⅱ级			Ⅲ级		
净度（%）≥	优良度（%）≥	含水量（%）	净度（%）≥	优良度（%）≥	含水量（%）	净度（%）≥	优良度（%）≥	含水量（%）
95	90	25～30	95	80	25～30	95	70	25～30

第三章 闽粤栲苗木培育

一、实生苗培育

（一）圃地选择与苗床

闽粤栲幼苗较耐阴，应选择地势平坦、背风向阳、土层深厚、土壤肥沃、水源充足且便于排灌、交通便利、前作为水稻的农田作为圃地（图11）。选好圃地后及时进行整理，整地时应先清除苗圃地里的杂物后，再开展全面整地翻土，深度20cm以上。开墒时先用尺量一下宽度，使畦宽相等，再用秧绳拉直开墒，墒沟要整齐平直，深度15cm左右。用90%火烧土与10%过磷酸钙混合肥料作为基肥，用量4～5kg/m²，均匀翻入苗床，碎土作床，床宽80～100cm，高25～30cm（图12）。

图11　圃地

图12　苗床

（二）播种

播种时间为2月中旬至3月上旬，播种前7天用90%敌百虫、50%

多菌灵可湿性粉剂和水按 1∶2∶1000 配制成混合水溶液喷淋苗床，用量 2000ml/m²。采用条播方法播种，行距 20cm，株距 5cm，种子横放，播种完成后，用手轻轻地盖上一层黄心土，覆土不能太厚，一般厚度为 1.5～2.0cm，以能盖住种子为宜，后加盖稻草。

（三）苗木田间管理

1. 遮阴

苗木出土时，应及时采取遮阴措施，搭建遮阳棚防止幼苗暴晒，可搭建高 180～200cm 遮阳棚，用透光度 50%～70% 的遮阳网遮阴，9 月下旬揭去遮阳网（图 13）。

2. 水分管理

播种后，应做好圃地水分管理工作，保持土壤湿润，雨季清沟排水，旱季适时灌溉，9 月后应停止浇水（图 14）。

图 13　遮阴

图 14　闽粤栲苗木

3. 施肥

于 5 月下旬至 6 月上旬和 6 月下旬至 7 月上旬，分别均匀撒施复合肥 50～60g/m²，撒施后及时洒水洗去肥料残渍；8 月下旬至 9 月上旬，叶面喷洒 0.2% 的磷酸二氢钾水溶液 250～300ml/m²。

4. 除草与病虫害防治

根据圃地杂草生长情况，选择雨后或灌溉后进行除草，在闽粤栲幼

图 15　除草

图 16　有害生物防治

苗期间，应采取手工勤除草，以保护幼苗的根系（图 15）。幼苗出土后定期观察，适时做好苗期病虫害防治。闽粤栲苗期的主要病虫害有立枯病、红脚绿金龟子、透翅蛾等，应选择合适的药剂适时适量地进行防治（图 16）。主要有害生物防治方法见附录表 A.1。

5. 间苗与定苗

要及时做好间苗与定苗管理工作，间苗应选择阴天进行（图 17），间苗 2～3 次。8 月中旬定苗，苗木保留 40～50 株 /m²。起苗前 7 天剪去中下部的 1/2 至 2/3 叶子。

图 17　间苗

（四）起苗出圃

苗木出圃起苗宜选择阴天，起苗后及时浆根。起苗时自外往里带土挖起，抖散附土，取出苗木，禁止直接拔苗。剪除过长的主侧根，保留主根长度 15～20cm，按Ⅰ、Ⅱ级苗分类浆根包装。尽量当天起苗当天栽植，长途运输要注意保持苗木根系湿润，避免日晒，不能及时栽种的苗木应在阴凉处假植。

二、容器育苗

（一）基质配制与容器袋

采用黄心土与火烧土各 50%，加入 3% 的过磷酸钙混合搅拌均匀配制基质，pH 值控制在 5.0～6.5。选用规格 7cm × 11cm 无纺布容器袋，把营养土装入容器袋填实，装好后水平地在苗床上排列整齐，控制营养袋的摆放密度，既不能过于紧密，又不能过于松散。每行摆放 10～15 个营养袋，长度视地形而定，但最好不超过 10m，苗床与苗床之间留人行步道，一般宽 50～60cm，以方便操作为宜，苗床周边应低于地面，以便苗圃地的排灌。摆好后，即可供种子直播或移植。

（二）容器基质消毒

在播种前 3 天，用 0.3% 高锰酸钾水溶液喷洒容器基质后加盖地膜进行消毒，用量 500ml/m^2。

（三）播种

选择 11 月至 12 月或 2 月中旬至 3 月上旬播种，11 月至 12 月时播种，采用直播，即用细木棍在容器袋上口的基质扎一个深 2cm 小孔，将种子横放播入，用黄心土盖孔。

2 月中旬至 3 月上旬时播种，播种前应对种子先进行催芽后再播种，即用河沙铺设沙床，厚度 10cm，将种子撒播在沙床上，种子不相重叠，覆盖 1.5～2cm 河沙，加盖稻草，适时浇水保湿，在胚根长出 2～3cm 时，

取出种子，剪去胚根先端1/3。用细木棍在容器袋上口的基质扎一个深2cm小孔，放入1粒经切胚根的种子，播后浇透水，再用稻草遮盖，在苗芽刚钻出时及时揭去稻草。

（四）苗期管理

认真做好容器的苗期管理工作(图18)，闽粤栲苗期水分管理很重要，播种初期要及时浇水，保持基质湿润，发现营养袋内的土质较干时要及时地进行淋水，以保证土壤处于湿润状态，如遇连续的雨天，要及时地进行排水防涝。6～8月每2天浇水1次，9月后应控制浇水。当苗木根系穿透容器袋时，移动容器袋并从容器袋的底部剪断主根，促进侧根生长，防止主根徒长。9月下旬，选择阴天揭去遮阳网进行炼苗，叶面喷洒0.2%的磷酸二氢钾水溶液，用量200ml/m²。及时做好病虫害防治，主要有害生物防治方法见附录表A.1。

图18　容器苗

（五）苗木出圃

1. 苗木调查

苗木出圃前采用样方机械布点，调查苗高、地径及产苗量。

2. 苗木质量分级

合格苗木分为Ⅰ级、Ⅱ级。容器苗Ⅰ级苗：苗高≥ 50cm，地径≥ 0.5cm，Ⅱ级苗：苗高≥ 35cm，地径≥ 0.4cm。

3. 苗木包装与运输

按Ⅰ、Ⅱ级苗分类包装。长途运输要保持苗木根系、基质湿润。

三、注意事项

① 种子采收要及时，否则种子容易霉变或受病虫害危害，种子采收后要及时进行消毒或浸种杀死害虫。

② 春播的容器苗，其种子应混沙湿藏越冬、催芽处理，使种子播种后出苗整齐。

③ 春播的容器苗，应在胚根长出时，适当削剪去先端，促进侧根生长，有利于提高造林成活率。

④ 采用种子直播的容器育苗应在秋末冬初播种，秋末冬初播种不必进行种子贮藏，早春出苗早，苗木根系发达，生长良好，可在翌年3～4月出圃造林，但种子播种后至幼苗出土前易受地下害虫危害，应注意做好防治工作。

⑤ 闽粤栲为深根性树种，主根明显，容器育苗主根很快就会穿透容器袋，当主根穿袋时可从容器袋的底部剪断主根，这样可有效防止主根徒长，有利于侧根生长，提高苗木质量。

⑥ 采用幼苗移植的，可在适当剪去苗木主根后及时移植，并浇透水保护容器袋湿润，并进行遮阴。

⑦ 春播的容器苗一般要到夏天才能出圃造林，造林成活率会受到影响，至秋冬或翌年春造林的，应注意适当减少浇水和施肥的次数和数量，注意控制水肥，控制苗木生长，防止苗木太高，影响造林成活。

⑧ 苗木应尽量避免长途运输。

第四章 闽粤栲造林

闽粤栲生长快，适应性强，对土壤要求不严，耐瘠薄，在中等和较差的立地条件下均能正常生长，尤其对紫色土有较强的适应性，应选择海拔 850m 以下的林地进行造林。闽粤栲幼年较为耐阴，以后随着年龄的增长，需光量增大，因此适合于林下栽植造林，特别是对纯针叶林的水源涵养林，进行林分质量改造提升，在其林下栽植闽粤栲，造林成活率高，林分的生态功能将显著增强。

闽粤栲造林密度应根据确定的林种不同而定，一般作为用材林初植密度可掌握在 2300 株 /hm² 左右，而作为水源涵养林则初植密度可大些，一般掌握在 3200 株 /hm² 左右。闽粤栲宜营造混交林，与杉木、马尾松、火炬松等针叶树混交造林，既可提高林分生长总量，又可增加林下植物的多样性，改善林地生态环境，但闽粤栲冠幅较大，营造混交林时应加大混交的株距，减少针叶树由于闽粤栲树冠的遮蔽使其生长受影响的程度。

一、造林准备

（一）造林地选择

闽粤栲是深根性树种，要求立地条件不太苛刻，除在立地条件好的山地外，土层薄、碎石多、坡度大的山脊、山顶同样可以营造。由于闽粤栲幼龄期需要适度庇荫，不耐夏秋干旱酷热天气的特性，因此，荒山造林或采伐迹地更新，应选择有一定植被覆盖度的造林地，最好选择有松树或其他阔叶树的疏林地来营造混交林。如没有植被覆盖的，无论直播造林或者容器苗造林，种植后的穴周围要用不易落叶的阔叶树树枝扦插遮阴，为闽粤栲幼树起到遮阴作用，促进幼树生长。

（二）整地

在造林前的秋季、冬季进行整地。采用带状或块状整地，清除造林地上杂草和灌木，然后炼山、清山，将未烧完的杂灌清除或进行清山、耙带。

（三）挖穴

沿等高线“品”字形或平行线挖穴，穴规格为 50cm × 40cm × 40cm，回表土。造林作业设计按 DB35/T 641—2005 执行。

二、栽植造林

在每年 1～2 月，选择阴雨天，采用Ⅰ、Ⅱ级无病虫害的苗木栽植，深栽至苗木根颈处向上 5cm，不弯根，侧根舒展，分层压实，栽植后回土。要求做到苗正、根舒、土实，深栽、不窝根。营养袋苗造林时，先淋湿营养袋后栽植，栽植时覆土盖过根际 2cm。秋末冬初播种育苗的容器苗可在 3～4 月出圃造林，是春播的容器苗，造林时间要掌握在苗高 10～20cm 时、避开 6～8 月炎热的时节，选择雨天进行造林（图 19）。

图 19 造林

（一）裸根苗造林

采用 1 年生播种苗在早春至 3 月造林，由于闽粤栲叶面积大，水分蒸腾量高，为提高造林成活率，造林时应采取以下措施对苗木进行处理：

1. 强度修剪与浆根

在起苗前 10 天左右，应对中下部的叶子进行疏叶，剪去 1/2 至 2/3 的叶子，多雨天气修剪 1/2 叶子，少雨天气应剪去 2/3 叶子，在起苗后，适当修剪过长的主根和侧根，并应及时用混有 3%～5% 的磷肥的黄泥浆立即浆根，保持苗根湿润，可促进根系早生，缩短缓苗期，亦便于运输。试验结果表明裸根苗造林前进行疏叶、起苗后进行浆根，其造林成活率分别提高 41.9%、50.3%，以疏叶 1/2 至 2/3 加浆根为最好（表 3），因此，闽粤栲裸根苗造林前进行疏叶、浆根可大幅提高造林成活率。

表 3　裸根苗起苗前疏叶、浆根处理造林成活率对比试验

处理	成活率（%）
不疏叶	37.6
疏叶1/3	79.5
疏叶1/2	90.3
疏叶2/3	90.5
不浆根	35.8
浆根	86.1
疏叶1/3+浆根	82.3
疏叶1/2+浆根	92.6
疏叶2/3+浆根	93.1

2. 截干

闽粤栲 1 年生播种苗一般苗高可达 45cm，在造林季节较迟或少雨天气栽植时，为提高造林成活率，应采用截干造林，即在起苗后截断苗木的主干和侧枝保留 10cm 左右。

3. 添加保湿剂

苗木栽植时在苗木根系边撒入50g左右的保湿剂，可保持缓苗期苗木的水分平衡，尤其是造林前后有降雨效果最佳，可大幅提高造林成活率。亦可浆根的黄泥浆中加入适量的保湿剂，苗木浆根后栽植，效果更佳。

（二）容器苗造林

秋末冬初播种育苗的容器苗可在3～4月出圃造林，这时造林，由于带土带肥全苗上山，缓苗时间短或不必经过缓苗而直接扎根生长，成活率高且当年生长量大。如果是春播的容器苗，造林时机应掌握在苗高10～20cm时，避开6～8月炎热的时节雨天进行造林。

（三）补植

造林当年年底要开展造林成活率调查，对造林成活率小于85%的林地，要选择恰当的时机及时补植。

（四）注意事项

① 采用裸根苗造林，应根据造林时的天气情况，进行必要的修剪或截去主干，沾透黄泥浆，有条件允许应使用保湿剂。

② 闽粤栲造林应尽量避免营造纯林，宜与杉木、马尾松等针叶林或阔叶树混交或进行林下栽植造林。

闽粤栲林分管护

一、抚育管理

（一）幼林抚育

新造林地 1～2 年每年抚育 2 次，第一次在 4～5 月，第二次在 8～9 月。第三年于 8～9 月抚育 1 次。

造林后 1～4 年结合幼林抚育进行除萌，抹去全高 1/3 以下的萌芽条；在 10 月下旬至 12 月上旬进行修枝。保留植被覆盖度，保持幼林在阴湿的条件下生长，前 3 年每年抚育结合施肥 1 次，施肥仍以磷、氮为主。由于牛羊喜欢吃闽粤栲树叶，幼林期禁止在林地放牧。

（二）抚育间伐

林分郁闭后至主伐前进行 2 次间伐，第一次为造林后 8～10 年进行透光伐、疏伐，间伐强度为占株数 30%～35%，间隔期为 5～7 年，第二次间伐强度为占株数 25%～30%。抚育间伐要求按照 GB/T 15781-2015 执行。培育大径材保留 600～750 株 /hm^2，培育中径材保留 750～1050 株 /hm^2。

二、成林管护

（一）林木管护

严禁乱砍滥伐，坚持“谁造林、谁管护、谁受益”的原则，进一步创新林木管护机制，尽快形成多方共管、多措并举的立体管护格局。

（二）有害生物防治

1. 监测预警

认真做好有害生物的预测预报工作，掌握有害生物发生发展趋势，及时发出有害生物种类、数量预警并采取相应措施，做好有害生物的防治工作。

2. 有害生物防治

（1）防治原则 闽粤栲有害生物防治应遵照“预防为主、依法治理、科学防控、促进健康”的方针，采取以物理、生物和营林措施为主的防治方法，创造适合闽粤栲生长而不适合其有害生物种群发生和危害的环境，持续控制闽粤栲有害生物的发生和危害。

（2）主要有害生物种类 闽粤栲主要有害生物种类为：毒蛾类、舟蛾类、刺蛾类等。苗期主要病虫为：立枯病、红脚绿金龟子、透翅蛾等。

（3）有害生物主要防治措施

① 生物防治措施：利用害虫病源微生物抑制、天敌昆虫、益鸟益兽等防治方法。

② 物理措施：利用害虫趋光性，设置黑光灯，进行灯光诱杀。

③ 人工防治措施：采取人工捕捉、摘卵、草把诱捕、诱饵木、虫源木清理等方法。

④ 仿生制剂防治：喷施植物源杀虫剂等仿生制剂，开展有害生物防治工作。

⑤ 化学制剂防治：以国家允许使用的农药喷施或制作的毒绳、毒环、毒签，树干注药、局部熏蒸等。

⑥ 其他措施：采用性引诱剂、植物源引诱剂、阿维霉素等进行诱杀。

（4）常见食叶害虫 近年在闽粤栲上严重发生的主要食叶害虫为：黄刺蛾（*Cnidocampa flavescens*）、栎黄掌舟蛾（*Phalera assimilis*）、扁刺蛾（*Thosea sinensis*）、褐边绿刺蛾（*Latoia consocia* ）、毒蛾（*Porthesia similis*）。

① 黄刺蛾：黄刺蛾属鳞翅目刺蛾科。分布于除甘肃、宁夏、青海、新疆及西藏外的其他省份。幼虫危害枣、核桃、柿、枫杨、苹果、杨等90多种植物，可将叶片吃成很多孔洞、缺刻或仅留叶柄、主脉，严重影响林木生长。

形态特征：

成虫：雌蛾体长15～17 mm，翅展35～39mm；雄蛾体长13～15 mm，翅展30～32mm。体橙黄色（图20）。前翅黄褐色，自顶角有1条细斜线伸向中室，斜线内方为黄色，外方为褐色；在褐色部分有1条深褐色细线自顶角伸至后缘中部，中室部分有1个黄褐色圆点，后翅灰黄色。

卵：扁椭圆形，一端略尖，长1.4～1.5 mm，宽0.9 mm，淡黄色，卵膜上有龟状刻纹。

幼虫：黄刺蛾幼虫（图21）又名麻叫子、痒辣子、刺儿老虎、毒毛虫等，幼虫体上有毒毛易引起人的皮肤痛痒。

图20　黄刺蛾成虫

图21　黄刺蛾幼虫

老熟幼虫体长19～25 mm，体粗大。头部黄褐色，隐藏于前胸下。胸部黄绿色，体自第二节起，各节背线两侧有1对枝刺，以第三、四、十节的为大，枝刺上长有黑色刺毛；体背有紫褐色大斑纹，前后宽大，中部狭细成哑铃形，末节背面有4个褐色小斑；体两侧各有9个枝刺，体例中部有2条蓝色纵纹，气门上线淡青色，气门下线淡黄色。

蛹：椭圆形，粗大。体长13～15 mm。淡黄褐色，头、胸部背面黄色，腹部各节背面有褐色背板。

茧：椭圆形，质坚硬，黑褐色，有灰白色不规则纵条纹，极似雀卵，与蓖麻子相似，茧内虫体金黄色。

生物学特性：1年发生2代。以幼虫于10月在树干和枝柳处结茧过冬。翌年5月中旬开始化蛹，下旬始见成虫。5月下旬至6月为第一代卵期，6～7月为幼虫期，6月下旬至8月中旬为晚期，7月下旬至8月为成虫期；第二代幼虫8月上旬发生，10月结茧越冬。成虫多在17：00～22：00时羽化。雌蛾产卵多在叶背，卵做产或数粒在一起。每雌蛾产卵49～67粒，成虫寿命4～7天。幼虫多在白天孵化，初孵幼虫先食卵壳，然后取食叶下表皮和叶肉，剥下上表皮，形成圆形透明小斑，隔1日后小斑连接成块。4龄时取食叶片形成孔洞；5、6龄幼虫能将全叶吃光仅留叶脉。

② 栎黄掌舟蛾：栎黄掌舟蛾为鳞翅目舟蛾科掌舟蛾属。分布于福建、江西、山东、江苏、浙江、湖南、湖北等省。幼虫危害柞树、栎、栲、白杨和榆树等。

形态特征：

成虫：翅展44～55mm，体长20～25mm。全身基色黄褐色，头顶黄色，胸背前半部黄褐色。前翅灰褐色，顶角有一淡黄色的掌形斑，斑内缘具红棕色边，翅中央有一肾形环状纹，基线、内线、外缘线呈波浪状黑色（图22）。

卵：馒头形。长径约1mm，淡黄色。排成规整的单层卵块。

幼虫：老熟幼虫体长约55mm。头部红褐色，全身深褐色，体上有8条橙红色纵线。各节还具有一橙红色黄带，并生有许多灰色长毛（图23）。

图22 栎黄掌舟蛾成虫

图23 栎黄掌舟蛾幼虫

蛹：长约25mm，黑褐色。

生物学特性：1年发生1代，以蛹在土中越冬。5～6月越冬蛹羽化为成虫。成虫白天停在树叶上，夜晚活动，有较强的趋光性。成虫产卵在叶背，常数百粒排在一起。卵期约2周。初孵化的幼虫食量很小，群集取食，常成串地排在枝叶上危害。7～8月后，幼虫的食量大增，分散活动和取食。8月底9月初，幼虫老熟下树，在深约7cm的土中化蛹越冬。

③ 扁刺蛾：扁刺蛾为鳞翅目刺蛾科扁刺蛾属。分布于全国各地。主要危害枣、苹果、梨、桃、梧桐、枫杨、白杨、泡桐和柿子等多种果树和林木。以幼虫取食叶片危害，发严重时，可将寄主叶片吃光，造成严重减产。

形态特征：

成虫：雌蛾体长13～18mm，翅展28～35mm。体暗灰褐色，腹面及足的颜色更深，前翅灰褐色、稍带紫色，中室的前方有一明显的暗褐色斜纹，自前缘近顶角处向后缘斜伸。雄蛾中室上角有一黑点（雌蛾不明显），后翅暗灰褐色（图24）。

卵：扁平光滑，椭圆形，长1.1mm，初为淡黄绿色，孵化前呈灰褐色。

幼虫：老熟幼虫体长20～26mm，宽16mm，体扁、椭圆形，背部稍隆起，形似龟背。全体绿色或黄绿色，背线白色。体两侧各有10个瘤状突起，其上生有刺毛，每一体节的背面有两小丛刺毛，第四节背面两侧各有一红点（图25）。

图24　扁刺蛾成虫

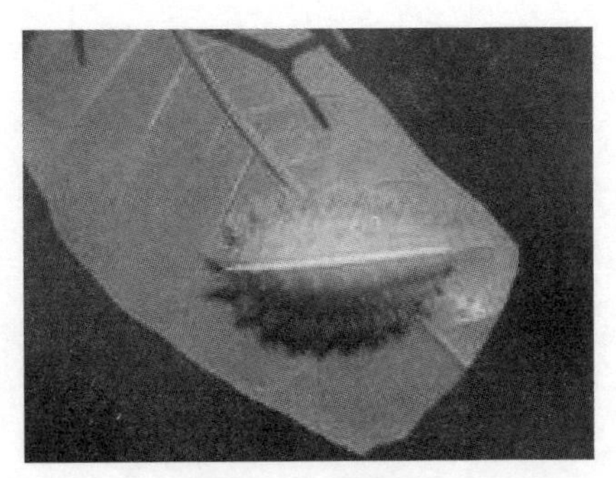

图25　扁刺蛾幼虫

蛹：长 10～15mm，前端肥钝，后端略尖削，近似椭圆形。初为乳白色，近羽化时变为黄褐色。

茧：长 12～16mm，椭圆形，暗褐色。

生物学特性：1 年发生 2 代，少数 3 代，均以老熟幼虫在树下 3～6cm 土层内结茧以前蛹越冬。于 4 月中旬开始化蛹，5 月中旬至 6 月上旬羽化；第一代幼虫发生期为 5 月下旬至 7 月中旬，第二代幼虫发生期为 7 月下旬至 9 月中旬，第三代幼虫发生期为 9 月上旬至 10 月，以末代老熟幼虫入土结茧越冬。成虫多在黄昏羽化出土，昼伏夜出，羽化后即可交配，2 天后产卵，多散产于叶面上，卵期 7 天左右。幼虫共 8 龄，6 龄起可食全叶，老熟多夜间下树入土结茧。

④ 褐边绿刺蛾：别名青刺蛾、褐缘绿刺蛾。属鳞翅目刺蛾科绿刺蛾属。主要危害桂花、杨、柳、栲和榆等林木。幼虫取食叶片，低龄幼虫取食叶肉，仅留表皮，老龄时将叶片吃成孔洞或缺刻，有时仅留叶柄，严重影响树势。

形态特征：

成虫：体长 15～16mm，翅展约 36mm。触角棕色，雄虫栉齿状，雌虫丝状。头和胸部绿色，复眼黑色，雌虫触角褐色，丝状，雄虫触角基部 2/3 为短羽毛状，胸部中央有一条暗褐色背线。前翅大部分绿色，基部暗褐色，外缘部灰黄色，其上散布暗紫色鳞片，内缘线和翅脉暗紫色，外缘线暗褐色，腹部和后翅灰黄色（图 26）。

卵：扁椭圆形，长 1.5mm，初产时乳白色，渐变为黄绿至淡黄色，数粒排列成块状。

幼虫：末龄体长约 25mm，略呈长方形，圆柱状。初孵化时黄色，长大后变为绿色。头黄色，甚小，常缩在前胸内。前胸盾上有 2 个横列黑斑，腹部背线蓝色。腹部第 2 至末节每节有 4 个毛瘤，其上生 1 丛刚毛，第 4 节背面的 1 对毛瘤上各有 3～6 根红色刺毛，腹部末端的 4 个毛瘤上生蓝黑色刚毛丛，呈球状；背线绿色，两侧有深蓝色点。腹面浅绿色。胸足小，无腹足，第 1 至 7 节腹面中部各有 1 个扁圆形吸盘（图 27）。

蛹：长约 15mm，椭圆形，肥大，黄褐色。包被在椭圆形棕色或暗褐

图 26　褐边绿刺蛾成虫

图 27　褐边绿刺蛾幼虫

色长约 16mm，似羊粪状的茧内。

生物学特性：1 年发生 2 或 3 代。越冬幼虫于 4 月下旬至 5 月上中旬化蛹，成虫发生期在 5 月下旬至 6 月上中旬，第一代幼虫发生期在 6 月末至 7 月，成虫发生期在 8 月中下旬。第二代幼虫发生在 8 月下旬至 10 月中旬，10 月上旬幼虫陆续老熟，在枝干上或树干基部周围的土中结茧越冬。

⑤ 毒蛾：别名桑斑褐毒蛾、桑毒蛾、桑毛虫。属鳞翅目毒蛾科。主要分布于北纬 20°～58°。该虫食性很广，寄主植物多达 500 多种，包括多种花木。幼虫主要危害叶片，严重时可将全树叶片吃光。

形态特征：

成虫：无单眼，喙通常消失；胸、腹部被长鳞毛；雌虫有浓密的特化鳞片束，用于覆盖卵块；腹部的反鼓膜巾位于气门前；后翅基室较大，达翅中室中央，M1 与 Rs 在中室外有短距离共柄（图 28）。

卵：直径 0.6～0.7mm，圆锥形，中央凹陷，橘黄色或淡黄色。

幼虫：体长 25～40mm，第一、二腹节宽。头褐黑色，有光泽，体黑褐色，前胸背板黄色，具 2 条黑色纵线；体背面有一橙黄色带，在第一、二、八腹节中断，亚背线白色，气门下线红黄色，前胸背面两侧各有一向前突出的红色瘤，瘤上生黑色长毛束和白褐色短毛，其余各节背瘤黑色，生黑褐色长毛和白色羽状毛，第五、六腹节瘤橙红色，生有黑褐色长毛；腹部第一、二节背面各有 1 对愈合的黑色瘤，上生白色羽状毛和黑褐色长

图 28 毒蛾成虫

图 29 毒蛾幼虫

毛；第九腹节瘤橙色，上生黑褐色长毛（图 29）。

蛹：长 12～16mm，长圆筒形，黄褐色，体被黄褐色绒毛；腹部背面 1～3 节各有 4 个瘤。

茧：椭圆形，淡褐色，附少量黑色长毛。

生物学特性：1 年发生 3～4 代，主要以 3 龄或 4 龄幼虫在枯叶、树杈、树干缝隙及落叶中结茧越冬。于翌年 4 月开始活动，危害春芽及叶片。1、2、3 代幼虫危害高峰期分别在 6 月中旬、8 月上中旬和 9 月上中旬，10 月上旬前后开始结茧越冬。成虫白天潜伏在中下部叶背，傍晚飞出活动、交尾、产卵，把卵产在叶背，形成长条形卵块。成虫寿命 7～17 天。每雌虫产卵 149～681 粒，卵期 4～7 天。幼虫蜕皮 5～7 次，历期 20～37 天，越冬代长达 250 天。初孵幼虫喜群集在叶背啃食危害，3、4 龄后分散危害叶片，有假死性，老熟后多卷叶或在叶背树干缝隙或近地面土缝中结茧化蛹，蛹期 7～12 天。

（5）防治方法 在害虫幼虫 4 龄之前，选用 1.2% 烟碱· 苦参碱乳油、5% 桉油精可溶液剂、碧绿 1% 苦参碱，运用喷烟技术，亦可采用喷粉措施喷施 1.1% 苦参碱粉剂防治黄刺蛾、栎黄掌舟蛾、扁刺蛾、褐边绿刺蛾、毒蛾幼虫，药后 3 天幼虫死亡率可达 90% 以上，杀虫效果较好，可使林分中虫口密度迅速下降。在成虫盛发期设置黑光灯进行诱杀，也能达到良好的防治效果。主要有害生物防治方法见附录表 A.2。

第六章 闽粤栲林分高效培育

一、纯林培育

闽粤栲是福建省主要乡土树种之一，也是中亚热带常绿建群阔叶林主要组成树种之一，常为次生林的先锋树种。其根系发达，枝叶繁茂，每年大量枯落物回归林地改良土壤，固土保水能力强，有很高的生产力和生态功能。闽粤栲干形通直（图 30），出材率高，枝干是培育食用菌的优良

图 30　闽粤栲

材料，既是优良的生态树种，又是速生快长的商品林树种。闽粤栲适应性强，对土壤要求不高，耐瘠薄，尤其对紫色土（图 31）有很强的适应能力，因此，闽粤栲可作为荒山绿化造林树种。

图 31 紫色土

（一）造林方法

闽粤栲纯林营造方法参见本书第四章。闽粤栲幼树喜阴，造林时应适当加大初植密度。

（二）栽植密度

闽粤栲造林密度应根据确定的林种不同而定，作为用材林纯林初植密度可掌握在 2100～2550 株 /hm²，而作为水源涵养林纯林则初植密度可大些，在 3000～3450 株 /hm²。

二、与针叶树同龄混交林培育

马尾松、杉木是我国东部亚热带湿润地区分布最广、资源最丰富的针叶树种，在林业生产中占有重要地位。由于长期采取单一树种纯林经营模式，致使马尾松、杉木多代人工林出现地力衰退、山体滑坡和林分生产

力下降等现象（图 32）；同时，大面积马尾松、杉木纯林易受有害生物危害，也不利于防范森林火灾的发生，这严重制约着马尾松人工林的可持续发展。长期的林业生产实践表明，营造马尾松、杉木阔叶树混交林，不仅能有效的提高马尾松、杉木人工林的生长量，提高林分抵御自然灾害及防御森林火灾的能力，而且还能恢复林地地力，获取较好的生态效益和经济效益（图 33）。闽粤栲为次生林的先锋树种，其根系发达，枝叶繁茂，每年能产生大量枯落物回归林地，可改良土壤，改善土壤理化性质，从而提高林分固土保水能力，具有很高的生态功能，是杉木、马尾松优良的伴生树种。

图 32　山体滑坡

图 33　与杉木同龄混交林

（一）造林方法

闽粤栲混交林营造方法参见本书第四章。

（二）混交方式

不同的混交方式对杉木、马尾松和闽粤栲生长的影响不同。从表 4 可以看出，带状混交的杉木、马尾松生长最好，带状混交杉木、马尾松的胸径比株间混交和块状混交高出 16.9% 和 8.4%、10.4% 和 8.3%；平均树高高出 16.0% 和 8.0%、11.5% 和 7.7%。其中株间混交中杉木和马尾松成活率较低，因此在营造杉木、马尾松与闽粤栲混交林时，其混交方式为带状混交，带状混交的杉木、马尾松生长最好。

表4 5年生不同混交方式（混交比例为3：1）混交林生长情况

混交方式	树种	平均胸径(cm)	平均树高(m)	平均单株材积(m^3)	株数(株)	总蓄积量(m^3/ hm^2)
带状混交	杉　木	7.1	5.0	0.0128	1905	24.384
	闽粤栲	5.3	6.1	0.0055	630	3.465
	马尾松	4.8	5.2	0.0037	1950	7.215
	闽粤栲	5.4	6.0	0.0054	645	3.483
株间混交	杉　木	5.9	4.2	0.0077	1590	12.243
	闽粤栲	4.8	5.7	0.0043	615	2.6445
	马尾松	4.3	4.6	0.0032	1530	4.896
	闽粤栲	4.9	5.7	0.0044	630	2.772
块状混交	杉　木	6.5	4.6	0.0096	2580	24.768
	闽粤栲	5.1	6.0	0.0049	2550	12.495
	马尾松	4.4	4.8	0.0027	2595	7.0065
	闽粤栲	5.2	6.0	0.0050	2535	12.675

（三）混交比例

实验结果表明：当杉栲混交比例为3：1时，无论是闽粤栲还是杉木，平均胸径、平均树高均生长较好，林相整齐，种间关系比较融洽。当松栲混交为4：1时，其闽粤栲和马尾松的平均胸径、平均树高均生长较好，林相整齐，种间关系比较融洽。因此，杉木、马尾松与闽粤栲混交，其混交比例分别为3：1和4：1。表5是10年生不同混交方式对比试验的生长情况调查。

表 5　10 年生纯林、混交林不同混交比例生长情况

<table>
<tr><th>混交方式</th><th>树种</th><th>经营密度（株/hm²）</th><th>现存株数（株/hm²）</th><th>平均胸径（cm）</th><th>平均树高（m）</th><th>林分蓄积量（m³/ hm²）</th><th>总林木蓄积量（m³/ hm²）</th></tr>
<tr><td>A</td><td>杉　木</td><td>3000</td><td>2850</td><td>11.2</td><td>9.1</td><td>90.5042</td><td>90.5042</td></tr>
<tr><td>B</td><td>闽粤栲</td><td>2550</td><td>2400</td><td>8.3</td><td>10.2</td><td>58.8791</td><td>58.8791</td></tr>
<tr><td>C</td><td>马尾松</td><td>3300</td><td>3045</td><td>7.7</td><td>6.6</td><td>56.9863</td><td>56.9863</td></tr>
<tr><td rowspan="2">D</td><td>杉　木</td><td>1350</td><td>1215</td><td>10.9</td><td>9.3</td><td>47.0547</td><td rowspan="2">78.6671</td></tr>
<tr><td>闽粤栲</td><td>1350</td><td>1245</td><td>7.3</td><td>10.4</td><td>30.6124</td></tr>
<tr><td rowspan="2">E</td><td>杉　木</td><td>1800</td><td>1635</td><td>11.0</td><td>9.0</td><td>52.7592</td><td rowspan="2">79.5817</td></tr>
<tr><td>闽粤栲</td><td>900</td><td>825</td><td>7.8</td><td>10.3</td><td>26.8225</td></tr>
<tr><td rowspan="2">F</td><td>杉　木</td><td>2025</td><td>1920</td><td>11.3</td><td>9.4</td><td>63.4385</td><td rowspan="2">82.8817</td></tr>
<tr><td>闽粤栲</td><td>675</td><td>600</td><td>8.1</td><td>10.2</td><td>19.5432</td></tr>
<tr><td rowspan="2">G</td><td>杉　木</td><td>2160</td><td>2030</td><td>10.9</td><td>8.9</td><td>63.8526</td><td rowspan="2">80.2141</td></tr>
<tr><td>闽粤栲</td><td>540</td><td>510</td><td>8.0</td><td>10.1</td><td>17.3615</td></tr>
<tr><td rowspan="2">H</td><td>马尾松</td><td>1350</td><td>1230</td><td>7.7</td><td>6.8</td><td>25.3452</td><td rowspan="2">53.6105</td></tr>
<tr><td>闽粤栲</td><td>1350</td><td>1260</td><td>8.2</td><td>10.1</td><td>28.2653</td></tr>
<tr><td rowspan="2">I</td><td>马尾松</td><td>1800</td><td>1680</td><td>8.0</td><td>6.7</td><td>34.2358</td><td rowspan="2">55.4513</td></tr>
<tr><td>闽粤栲</td><td>900</td><td>780</td><td>8.3</td><td>10.2</td><td>21.2155</td></tr>
<tr><td rowspan="2">J</td><td>马尾松</td><td>2025</td><td>1935</td><td>8.1</td><td>6.7</td><td>42.5428</td><td rowspan="2">60.8669</td></tr>
<tr><td>闽粤栲</td><td>675</td><td>615</td><td>8.6</td><td>9.9</td><td>18.3241</td></tr>
<tr><td rowspan="2">K</td><td>马尾松</td><td>2160</td><td>2145</td><td>8.2</td><td>6.8</td><td>47.8335</td><td rowspan="2">63.5690</td></tr>
<tr><td>闽粤栲</td><td>540</td><td>525</td><td>8.7</td><td>10.0</td><td>15.7355</td></tr>
</table>

注：A 表示杉木纯林，B 表示闽粤栲纯林（B），C 表示马尾松纯林，D 表示杉栲行间混交 1∶1，E 表示杉栲行间混交 2∶1，F 表示杉栲行间混交 3∶1，G 表示杉栲行间混交 4∶1，H 表示松栲行间混交 1∶1，I 表示松栲行间混交 2∶1，J 表示松栲行间混交 3∶1，K 表示松栲行间混交 4∶1。

三、闽粤栲人工促进天然更新林培育

人工促进天然更新阔叶林具有投入少、营林成本低的特点。在闽粤栲采伐迹地，采用人工促进天然更新即人工抚育、抚育补植措施恢复以闽粤栲为优势建群种的异龄复层混交林，方法简单、营林成本低。试验结果表明，采用抚育补植恢复混交林效果优于人工抚育恢复混交林。采用人工促进天然更新的措施培育闽粤栲林，能够维持土壤肥力，保护林木生长环境和物种多样性，具有营林投资成本低、时间短、见效快的优点，有利于保护生态环境，维持较高的林分生产力，是一种生态省力型可持续经营模式。

人工培育以闽粤栲为优势树种的次生阔叶林的技术措施如下：

（一）母树保留

在采伐闽粤栲为主的成熟常绿阔叶林时，有目的地适当保留生长健壮、无病虫害的成熟林木作为母树。

（二）清理耙带

伐后将伐区剩余物及杂灌草，不炼山，沿等高线以3m等距集中耙带堆积，带内轻耕后封山育林，并禁止放牧。

（三）抚育管理

新造林地加强除草抚育，连续铲草除杂3年。方法为：每年2次，第一次在4～5月，第二次在8～9月。

4年后进行劈草清杂，除萌复壮，清除难以成材的林木、多株木、病虫木等。

四、异龄复层林培育

利用杉木、马尾松现有林的生长环境，通过间伐在林下栽植闽粤栲，造林成活率较高，促进了杉木、马尾松及闽粤栲的生长。建立起的异龄复

层林可以改善林分结构，形成林分小气候，有利于闽粤栲的生长，林分生物量增大，根系发达总量增加，根系分布空间增大；可增加凋落总量，促进枯枝落叶的分解，改善土壤肥力。同时异龄复层林还能维护和改良土壤结构，林地土壤的容重变小，孔隙度增大，有机胶结物增多，提高了土壤的物理、化学性质，土壤肥力增加，土壤渗透能力增强，林分的碳储量和保水固土的能力得到提高，增强了林分的生物多样性，提高了经营效益。

对现有针叶林通过低密度经营，隙地合理调控，复层经营等技术措施创造空间异质性，释放空间，选择适宜树种，建立针阔异龄复层林，重塑林分结构，针阔混交异龄复层林空间结构的独特性和合理性的林分结构，改善了林木生境，改良了土壤，促进林木生长发育，增强林分抗逆性，提高了林分经营效益，是有效解决大面积的纯林导致地力衰退的好途径，条件适宜的地区值得推广。

（一）闽粤栲杉木异龄复层林培育

在杉木林内通过疏伐改造，降低杉木密度，让出部分生长空间栽植闽粤栲，营建起杉栲混交异龄复层林（图 34），可改变杉木的生境条件，重

图 34　闽粤栲杉木异龄复层林

塑林分结构。林中凋落物数量增加且分解加快，这有利于改善土壤的化学性质，土壤中各养分的含量得以提高，土壤肥力增强，促进杉木与闽粤栲生长，林分生物量得以提高，树冠层增厚增大，可有效截留雨水，减弱降水对土表的冲击力。异龄复层林改善了土壤的物理性质，使土壤的密度变小，孔隙度增加，孔隙状况趋于合理，林分总持水量增大，渗透性能得以增强，林地容蓄水分的能力提升，同时，土壤的有机胶结物增多，林分表现出比纯林更强的水土保持功能。因此，在杉木林栽植套种闽粤栲，改变了原有单一的林分结构，重建森林生态系统，形成的异龄复层林表现出较高的生态功能，提高了林分涵养水源的功能，增强了林分的抗性，提高了经营效益和社会效益，可解决纯林树种单一，林龄老化所产生林分生态功能脆弱问题。

营造杉栲混交异龄复层林的技术措施为：

1. 疏伐

对选定的杉木林采用疏伐方法，使保留木尽量分布均匀。

2. 保留密度

上层杉木林疏伐保留密度为 600 株 /hm²。

3. 林地清理

疏伐后对采伐物进行清理，将伐区剩余物及杂灌草做块状堆积，做好林地清理工作。

4. 挖穴

在保留杉木间隙挖穴，规格为 50cm × 40cm × 30cm。

5. 栽植与抚育

选用 1 年生 Ⅰ 级、Ⅱ 级闽粤栲实生苗，于春季栽植，闽粤栲栽植密度为 1200 株 /hm²，栽植后前 4 年每年进行锄草除萌抚育。

（二）闽粤栲马尾松异龄复层林培育

利用马尾松现有生长环境，按一定的密度调控间伐，释放出一定的空间，在其林下栽植闽粤栲，建立起稳定的异龄复层针阔混交林，将单一结构马尾松林改变为多树种复合结构。林分凋落物的数量和分解状况对

提高土壤肥力、维持森林土壤养分循环和提高林分生产力起重要作用。这种复层针阔混交林使得凋落物现存量增加，分解速度加快，凋落物分解后释放出的大量有机质和养分，改善了土壤物理、化学性质。促进了马尾松和闽粤栲生长，使得林分乔木层、植被层等生物量增加，使土壤疏松、透气，利于养分输送和水分渗透，从而使林地蓄水能力得以提高，森林生态功能得到提升，提高了林分保水固土能力。

营造马尾松闽粤栲混交异龄复层林的技术措施为：

1. 林分选择

选择 20～26 年生的马尾松林，作为营建异龄复层林的上层林。

2. 疏伐

对选定的马尾松林采用机械均匀方式进行间伐，使保留木尽量分布均匀。

3. 保留密度

上层马尾松林疏伐保留密度 450 株 /hm^2 或 600 株 /hm^2。

4. 林地清理

疏伐后对采伐物进行清理，将伐区剩余物及杂灌草做块状堆积，做好林地清理工作。

5. 挖穴

在保留的马尾松间隙挖穴，规格为 50cm × 40cm × 40cm。

6. 栽植与抚育

在春季选用 1 年生的闽粤栲实生苗栽植，苗高≥ 50cm，地径≥ 0.5cm，闽粤栲栽植密度为 1200 株 /hm^2，栽植后前 4 年每年进行锄草除萌抚育。

参考文献

R E F E R E N C E

陈存及，陈伙法，梁一池，等.2000.阔叶树种栽培[M].北京：中国林业出版社.

陈存及，赖学舜，李贷一，等.2003.DB35/T76-2003.主要针叶造林树种抚育间伐技术规程[S].福州：福建省标准化研究院.

陈勇.2006.紫色土立地闽粤栲林分生长规律的研究[J].江苏林业科技，33(4)：23-24.

丁吉同，唐桦，阿地力·沙塔尔，等.2013.4种植物源杀虫剂对亚洲型舞毒蛾幼虫的毒性与拒食作用[J].南京林业大学学报(自然科学版),37(4)80-84.

丁敏，倪荣新，毛轩平.2012.马尾松林下套种阔叶树生长状况初报[J].浙江农林大学学报，29(3)：463-466.

樊后保，刘文飞，苏兵强.2008.马尾松林下栽植闽粤栲对生态系统养分循环的影响[J].应用与环境生物学报，14(5)：610-615.

樊艳荣，陈双林，林华，等.2013.不同林下植被干扰措施对毛竹林下植物种群分布格局的影响[J].生物多样性，21(6)：709-714.

耿玉清，王保平.2000.森林地表枯枝落叶层涵养水源作用的研究[J].北京林业大学学报，22(5)：53-56.

郭剑芬，杨玉盛，陈光水，等.2006.森林凋落物分解研究进展[J].林业科学，42(4):93-100.

洪宜聪，乐兴钊，罗志梁.2017.闽粤栲人促林的土壤肥力与涵养水源功能[J].福建林业科技，44(4)：41-47.

洪宜聪，乐兴钊.2017. 闽粤栲人促林的土壤肥力与涵养水源功能[J]. 福建林业科技，44（2）：51-57.

洪宜聪，林华，张清.2014. 不同浓度的3种药剂对黑竹缘蝽的防治效果研究[J]. 西南林业大学学报，34（3）：107-110.

洪宜聪，郑双全，林华，等.2015.DB35/T1525-2015. 闽粤栲栽培技术规范[S]. 福州：福建省标准化研究院.

洪宜聪.2015. 不同植物源杀虫剂对闽粤栲食叶害虫防治效果分析[J]. 西南林业大学学报，35（5）：71-76.

洪宜聪.2016. 杉木闽粤栲混交林分特征与水土保持功能研究[J]. 江苏林业科技，43（5）：18-24.

洪宜聪.2017. 杉木林套种闽粤栲林分特性及其涵养水源功能[J]. 西北林学院学报，32（3）：71-77.

洪宜聪.2017. 杉木闽粤栲异龄复层林的土壤肥力及其涵养水源功能[J]. 东北林业大学学报，45（11）：65-71.

洪宜聪. 马尾松闽粤栲异龄复层混交林的林分特征及涵养水源能力[J]. 东北林业大学学报，2017，45（4）：54-59.

黄清麟，李元红.2000. 中亚热带天然阔叶林可持续经营的若干问题[J]. 福建林学院学报，20（1）：1-5.

黄清麟.1998. 亚热带天然阔叶林经营中的五大误区的若干问题[J]. 世界林业研究，11（4）：31-34.

江希钿，黄烺增，杨锦昌.2000. 杉木人工林林分出材率表编制方法的研究[J]. 浙江林学院学报，17（3）：294-297.

蓝文升，钟兆全，郑德祥，等.2014. 闽北天然闽粤栲种群空间分布格局研究[J]. 北华大学学报（自然科学版），15（2）:105-108.

乐兴钊.2016. 闽粤栲人工促进天然更新林分特征及土壤肥力[J]. 林业勘察设计，36（4）：19-21.

乐兴钊.2017. 马尾松闽粤栲套种林的林木生长状况分析[J]. 林业调查规划，42（3）：108-112.

乐兴钊.2017. 杉木闽粤栲异龄复层林林木生长状况及土壤理化性质[J]. 林业勘察设计，37（2）：34-39.

雷泽兴.2003. 不同封山育林阶段闽粤栲群落物种多样性特征[J]. 福建林学院学报，23（1）:164-167.

李俊清 .2006. 森林生态学 [M]. 北京：高等教育出版社 .
李鹏，李占斌，赵忠 .2003. 根系调查取样点数确定方法的研究 [J]. 水土保持研究，10（1）：146-149.
李志安，邹碧，丁永桢，等 .2004. 森林凋落物分解重要影响因子及其研究进展 [J]. 生态学杂志，23（6）:77-83.
林德喜，樊后保，苏兵强，等 .2004. 马尾松林下套种阔叶树土壤理化性质的研究 [J]. 土壤学报，41（4）：655-659.
林明春 .2014. 闽粤栲人工林生物量研究 [J]. 林业科技开发，28（6）：34-37.
孟楚，周君璞，郑小贤 .2015. 福建将乐林场栲类次生林健康评价研究 [J]. 西北林学院学报，30（4）:198-203.
祁金虎，杨会侠，丁国泉，等 .2016. 抚育间伐对辽东山区人工红松林土壤物理性质及持水特性的影响 [J]. 东北林业大学学报，44（5）：48-51.
阮圣帛 .2006. 天然闽粤栲林物种多样性研究 [J]. 山东林业科技，（6）：26-28.
盛炜彤 .1992. 人工林地力衰退研究 [M]. 北京：中国科学技术出版社 .
施恭明，江希钿，林力，等 .2015. 福建省阔叶树二元材积方程修订 [J]. 武夷学院学报，34（3）：10-14.
汪晶，李杰，郑小贤 .2016. 福建将乐林场栲类次生林干扰评价研究 [J]. 西北林学院学报，31（2）:201-206.
魏重和 .2011. 坡位对杉木 × 闽粤栲混交林和杉木纯林养分积累的影响 [J]. 福建林业科技，38（4）：46-50.
萧刚柔 .1991. 中国森林昆虫 [M]. 北京：中国林业出版社 .
杨柳林 .2005. 福建樟湖 35 年生楠木人工林水源涵养功能研究 [J]. 福建林业科技，32（3）:51-54.
杨玉盛，陈光水，谢锦升 .2000. 南方林业经营措施与土壤侵蚀 [J]. 水土保持通报，20（6）：55-59.
杨玉盛，林鹏，郭剑芬，等 .2003. 格氏栲天然林与人工林凋落物数量、养分归还及凋落叶分解（英文）[J]. 生态学报，23（7）：1278-1289.
曾锋，邱治军，许秀玉 .2010. 森林凋落物分解研究进展 [J]. 生态环境学报，19（1）：239-243.
张鹏，王新杰，韩金，等 .2016. 间伐对杉木人工林生长的短期影响 [J]. 东

北林业大学学报，44（2）：6-10.

张清，周东雄，陈建华，等.2000. 闽粤栲在紫色土林地生长的调查研究[J]. 福建林业科技，27（2）：79-81.

章一巧，等.2012.6 种药剂防治栎黄枯叶蛾幼虫的毒力和药效评价[J]. 西北农业学报，2012，21（10）：165-168.

赵亮生，闫文德，项文化，等.2013. 不同年龄阶段杉木人工林枯落物层水文特征[J]. 西北林学院学报，28（4）：1-5.

郑成才.2002. 闽粤栲迹地人工促进天然更新效果研究[J]. 林业科技开发，16（6）：22-23.

郑路，卢立华.2012. 我国森林地表凋落物现存量及养分特征[J]. 西北林学院学报，27（1）:63-69.

郑双全.2017. 闽粤栲人工促进天然更新林分的生长规律研究[J]. 福建林业科技，44（1）:16-20.

中华人民共和国国家质量监督检验检疫总局，中国国家标准化管理委员会.2004. GB/T 17980.54-17980.148—2004. 农药田间药效试验准则（二）[J]. 北京：中国标准出版社.

钟章成.1988. 常绿阔叶林生态学研究[M]，重庆：西南师范大学出版社.

周洋，郑小贤，王 琦，等.2015. 福建三明栲类次生林主要树种更新生态位研究[J]. 西北林学院学报，30（4）：84-88.

Andreassian V. 2004. Water and forests: from historical controversy to scientific debate[J].Journal of Hydrology，29（1）:1-27.

Murphy S R，Lodge G M，Harden S. 2004. Surface soil water dynamics in pastures in northern New SouthWales.3.Evapotrans-piration [J].Australian Journal of Experimental Agriculture，44（6）:571-583.

Prescott C E. 2005. Do rates of litter decomposition tell us anything we reallyneed to know[J].Forest Ecology and Management，220（1/3）：66-74.

Putuhena W M，Cordery I.2000.Some hydrological effects of changing forest cover from eucalypts to Pinus radiata[J].Agri-cultural and Forest Meteorology，100（1）:59-72.

闽粤栲栽培技术规范（DB35/T 1525-2015）福建省地方标准

（2015-11-09 发布，2016-02-09 实施）

1 范围

本标准规定了闽粤栲 *Castanopsis fissa*（Rehd.et Wils.）栽培的种子采收、苗木培育、造林、抚育管理、有害生物防治、技术档案管理。

本标准适用于闽粤栲人工栽培。

2 规范性引用文件

下列文件对于本文件的应用是必不可少的。凡是注日期的引用文件，仅注日期的版本适用于本文件。凡是不注日期的引用文件，其最新版本（包括所有的修改单）适用于本文件。

GB 2772-1999 林木种子检验规程

GB 4285 农药安全使用标准

GB/T 15781-2015 森林抚育规程

GB/T 17980.54～17980.148-2004 农药田间药效试验准则

DB35/T 641-2005 造林作业设计技术规程

DB35/T 1086-2010 林业有害生物化学防治安全规范

3 种子采收

3.1 母树选择

选择树龄 15 年以上、干形通直、生长健壮、无病虫危害的闽粤栲为采种母树。

3.2 采种方法

3.2.1 采种时间

11 月至 12 月。

3.2.2 采种方法

果实成熟壳斗开裂前，铺设塑料薄膜，用竹竿敲打，连壳斗一起收集；或壳斗开裂后，及时在林下收集粒大、饱满、无病虫害的种子。

3.3 果实处理

将果实平铺于室内 2～4 天，待壳斗裂开后取出种子。

3.4 种子处理

用水选净种后，在 45℃温水中浸种 20min，取出阴干。

3.5 种子贮藏

闽粤栲种子宜即采即播。翌年春季播种的种子，采用低温沙藏，沙量为种子的 3 倍以上，注意通风，防鼠，贮藏期间翻动 2～3 次，去除霉变、虫害种子。

3.6 种子质量要求

种子质量应符合表 1 的规定；质量检验方法按 GB 2772-1999 执行。

表 2　闽粤栲种子质量分级

Ⅰ级			Ⅱ级			Ⅲ级		
净度（%）≥	优良度（%）≥	含水量（%）	净度（%）≥	优良度（%）≥	含水量（%）	净度（%）≥	优良度（%）≥	含水量（%）
95	90	25～30	95	80	25～30	95	70	25～30

4 苗木培育

4.1 大田育苗

4.1.1 圃地选择

选择地势平坦、背风向阳、土层深厚、土壤肥沃、便于排灌、交通便利的地块，前作为水稻的农田为好。

4.1.2 圃地准备

4.1.2.1 翻土

播种前全面整地翻土，深度 20cm 以上。

4.1.2.2 施基肥

翻土后，用 90% 火烧土与 10% 过磷酸钙混合肥料作为基肥，用量 4～5kg/m²，均匀翻入苗床。

4.1.2.3 作床

碎土作床，床宽 80～100cm，高 25～30cm。

4.1.2.4 圃地消毒

播种前 7 天用 90% 敌百虫、50% 多菌灵可湿性粉剂和水按 1∶2∶1000 配制成混合水溶液喷淋苗床，用量 2000 ml/m²。

4.1.3 播种

4.1.3.1 播种时间

2 月中旬至 3 月上旬。

4.1.3.2 播种方法

采用条播，行距 20cm，株距 5cm，种子横放后覆土，厚度为 1.5～2.0cm，后加盖稻草。

4.1.4 田间管理

4.1.4.1 遮阴

苗木出土时搭建高 180～200cm 遮阳棚，用透光度 50%～70% 的遮阳网遮阳，9 月下旬揭去遮阳网。

4.1.4.2 水分管理

播种后，保持土壤湿润，雨季清沟排水，旱季适时灌溉。9 月后停止浇水。

4.1.4.3　施肥

5 月下旬至 6 月上旬和 6 月下旬至 7 月上旬，分别均匀撒施复合肥 50～60g/m²，撒施后及时浇水洗去肥料残渍；8 月下旬至 9 月上旬，叶面喷洒 0.2% 的磷酸二氢钾水溶液 250～300ml/m²。

4.1.4.4　除草

根据圃地杂草生长情况，选择雨后或灌溉后进行除草。

4.1.4.5　间苗

选择阴天进行间苗，间苗 2～3 次。

4.1.4.6　定苗

8 月中旬定苗，苗木保留 40～50 株 /m²。

4.1.5　起苗

起苗前 7 天剪去中下部的 1/2 至 2/3 叶子。宜选择阴天起苗，起苗后及时浆根。

4.2　容器育苗

4.2.1　基质配制

采用黄心土与火烧土各 50%，加入 3% 的过磷酸钙混合搅拌均匀，pH5.0～6.5。

4.2.2　容器袋

规格 7cm × 11cm。

4.2.3　容器基质消毒

播种前 3 天，用 0.3% 高锰酸钾水溶液喷洒容器基质后加盖地膜进行消毒，用量 500ml/m²。

4.2.4　播种

4.2.4.1　冬播

11 月至 12 月，用细木棍在容器袋上口的基质扎一个深 2cm 小孔，将种子横放播入，用黄心土盖孔。

4.2.4.2　春播

4.2.4.2.1　催芽

2 月中旬至 3 月上旬，用河沙铺设沙床，厚度 10cm，将种子撒播在沙床上，种子不相重叠，覆盖 1.5～2cm 河沙，加盖稻草，适时浇水保湿，在胚根长出 2～3cm 时，取出种子。

4.2.4.2.2　切胚根

剪去胚根先端 1/3。

4.2.4.2.3　播种

用细木棍在容器袋上口的基质扎一个深 2cm 小孔，放入 1 粒经切胚根的种子，播后浇透水，再用稻草遮盖，在苗芽刚钻出时及时揭去稻草。

4.2.5　苗期管理

4.2.5.1　浇水

播种初期要及时浇水，保持基质湿润，6 月至 8 月每 2 天浇水 1 次，9 月后应控制浇水。

4.2.5.2　修根

苗木根系穿透容器袋时，移动容器袋并从容器袋的底部剪断主根，促进侧根生长，防止主根徒长。

4.2.5.3　炼苗

9 月下旬，选择阴天揭去遮阳网进行炼苗，叶面喷洒 0.2% 的磷酸二氢钾水溶液，用量 200 ml/m²。

4.3　苗期有害生物防治

苗期常见有叶枯病、猝倒病等。苗期主要有害生物防治方法参见附录 A 中的 A.1。防治按 DB35/T 1086-2010 执行。

4.4　苗木出圃

4.4.1　苗木调查

苗木出圃前采用样方机械布点，调查苗高、地径及产苗量。

4.4.2　苗木质量分级

合格苗木分为 I 级、II 级。容器苗 I 级苗：苗高≥ 50cm，地径≥ 0.5cm；II 级苗：苗高≥ 35cm，地径≥ 0.4cm。

4.4.3　苗木包装与运输

按 I 、II 级苗分类包装。长途运输要保持苗木根系、基质湿润。

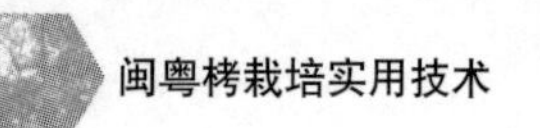

5 造林

5.1 林地选择

选择海拔 850m 以下的林地进行造林。

5.2 造林作业设计

造林作业设计按 DB35/T 641-2005 执行。

5.3 整地

5.3.1 林地清理

采用带状或块状整地，清除造林地上杂草和灌木。

5.3.2 挖穴

沿等高线品字型挖穴，穴规格为 50cm × 40cm × 40cm。

5.4 苗木选择

选用Ⅰ、Ⅱ级无病虫害的苗木。

5.5 栽植

5.5.1 栽植时间

1 月至 2 月，选择阴雨天时栽植。

5.5.2 栽植密度

初植密度纯林为：1500～2550 株 /hm^2；混交林为：2550～3150 株 /hm^2。

5.5.3 混交比例

采用带状混交，闽粤栲与混交树种的混交比例为 1∶3 或 1∶4。

5.5.4 栽植方法

采用穴植，做到苗正、根舒、土实，深栽、不窝根。

5.5.5 补植

当年造林成活率小于 85% 的林地要及时补植。

6 抚育管理

6.1 幼林抚育

新造林地 1～2 年每年抚育 2 次，第一次在 4 月至 5 月，第二次在 8 月至 9 月。第三年 8 月至 9 月抚育 1 次。

6.2 除萌修枝

造林后 1～4 年结合幼林抚育进行除萌，抹去全高 1/3 以下的萌芽条；在 10 月下旬至 12 月上旬进行修枝。

6.3　抚育间伐

6.3.1　间伐时间

郁闭后至主伐前进行 2 次间伐，第一次为造林后 8～10 年进行透光伐、疏伐，间隔期 5～7 年后第二次间伐。

6.3.2　间伐强度

第一次占株数 30%～35%；第二次占株数 25%～30%。抚育间伐要求按照 GB/T 15781-2015 执行。

6.3.3　主伐前保留株数

培育大径材保留 600～750 株 /hm²，培育中径材保留 750～1050 株 /hm²。

7　有害生物防治

主要有害生物种类及防治方法参见附录 A 中的 A.2。农药使用符合 GB 4285 的要求，防治工作遵循 DB35/T 1086-2010 规定；防治效果评价按 GB/T 17980.54～17980.148-2004 执行。

8　技术档案管理

8.1　档案卡

以小班为单位建立小班档案卡，具体格式和内容参见附录 B。

8.2　主要内容

小班造林作业设计，造林方法、密度、种苗来源、种子质量、苗木规格和抚育措施，幼林抚育间伐，林业有害生物灾害及森林火灾等自然灾害和防治措施、效果，造林施工单位等。

8.3　档案管理

技术档案要指定专人负责，每年持续记载小班经营活动和林木生长等情况，记载具体内容参见附录 B。

附　录　A

（资料性附录）

闽粤栲主要有害生物防治方法

A.1　闽粤栲种苗主要有害生物及防治方法

表 A.1　闽粤栲种苗主要有害生物及防治方法表

有害生物名称	症状及危害	主要防治方法
立枯病，主要由半知菌亚门的立枯丝核菌*Rhizoctonia solani* Kuhn侵染引起	多发生在育苗的中、后期。主要危害幼苗茎基部或地下根部，初为椭圆形或不规则暗褐色病斑，病苗早期白天萎蔫，夜间恢复，病部逐渐凹陷、溢缩，有的渐变为黑褐色，当病斑扩大绕茎一周后干枯死亡，但不倒伏。轻病株仅见褐色凹陷病斑而不枯死。苗床湿度大时，病部可见不甚明显的淡褐色蛛丝状霉	1.严格选用无病菌新土配营养土育苗，并做好苗床土壤消毒。 2.加强田间管理。出苗后及时拔除病苗；雨后及时中耕保持土质松疏通气，增强幼苗抗病力。 3.种子处理。用拌种双、敌克松、苗病净、利克菌等拌种剂拌种，药量为干种子重的0.2%～0.3%；或用种衣剂与种子之比为1：25处理或按说明使用。 4.药剂防治。发病初期喷洒50%多菌灵可湿性粉剂1000倍液，或20%甲基立枯磷乳油1200倍液，每隔7～10天喷1次
叶枯病，由半知菌亚门的互隔交链孢霉*Alternaria alternata* (Fr.)Keissler、银杏盘多毛孢菌*Pestalotia ginkgo* Hori和子囊菌亚门的围小丛壳菌*Glomerella cingulata* (Stonem.) Spauld. et Schrenk三种病原菌侵染引起	多从叶缘、叶尖侵染发生，病叶初期先变黄，后逐渐变褐色坏死。由局部扩展到整个叶缘，呈现褐色至红褐色的叶缘病斑，病斑边缘波状，颜色较深。病健交界明显，其外缘有时还有宽窄不等的黄色浅带，病斑逐渐向叶基部延伸，直至整个叶片变为褐色至灰褐色。在病叶背面或正面出现黑色绒毛状物或黑色小点	1.及时清除病叶，集中烧毁，减少侵染来源。 2.加强栽培管理，控制病害的发生。圃地要排水良好，土壤肥沃，增施有机肥料及磷、钾肥。控制栽植密度，保持通风透光，降低叶面湿度，减少侵染机会。改喷浇为滴灌或流水浇灌，减少病菌的传播。 3.生长季节在发病严重的区域，从发病初期开始每隔10～15天喷1次药，连喷2～3次。常用药剂有1：1：100倍的波尔多液、50%托布津500～800倍液、50%多菌灵可湿性粉剂1000倍液、50%苯莱特1000～1500倍液、65%代森锌500倍液、70%敌克松500倍液等，上述药剂宜交替使用

（续）

有害生物名称	症状及危害	主要防治方法
猝倒病，主要由腐霉属（*Pythium*）的瓜果腐霉*Pythium aphanidermatum* (Edson) Fitzpatrick和德巴利腐霉*Pythium debaryanum* Hesse侵染引起	病害开始仅个别幼苗发病，条件适合时，迅速向四周扩展蔓延，形成块状病区。猝倒病常发生在幼苗出土后、真叶尚未展开前。病菌侵染后幼茎基部发生水渍状暗色斑，继而绕茎扩展，逐渐缢缩呈细线状，使幼苗地上部因失去支撑能力而倒状。苗床湿度大时，在病苗或其附近床面上常密生白色棉絮状菌丝	1.喷施500～1000倍磷酸二氢钾，或1000～2000倍氯化钙等，提高抗病能力。 2.加强苗床管理。适量均匀播种，盖土不宜太厚；做好适时透光、通风换气和苗床保温，避免低温高湿；均匀施用腐熟肥料；及时清除病株并对原穴进行杀菌处理。 3.药剂防治。发病前或发病初期72.2%普力克水剂400倍液或铜铵制剂400倍液或75%百菌清可湿性粉剂600倍液或70%代森锰锌可湿性粉剂500倍液喷淋幼苗基部及地面，用量：2000～3000ml/m^2，每隔7～10天连喷2～3次，并宜选择上午喷药
红脚绿金龟子*Anomala cupripes* Hope鞘翅目金龟子科	成虫危害嫩叶嫩梢和花序，常将叶片吃成网状。幼虫咬食根系，致树衰弱，甚至枯死。幼虫于土中越冬，4月下旬至5月上旬羽化出土，6～7月为成虫盛发期	1.幼虫期，用50%辛硫磷1000倍液浇灌或5%辛硫磷颗粒剂，掺细土200倍撒于地面或翻入地下。或将金龟子绿僵菌粉配制成50亿～1000亿孢子/kg水溶液浇灌或拌以干细土沟施或拌种，施菌量150万亿～225万亿孢子/hm^2或撒施日本金龟芽孢杆菌10亿活孢子/g菌粉1.5kg/hm^2。 2.成虫盛发期于晚间喷施90%敌百虫1500倍液，或80%敌敌畏1000倍液或20%甲氰菊酯乳油1500倍液。 3.早晨或傍晚人工捕杀成虫。 4.晚上用灯光诱杀或用糖、醋、水按4：2：1配成糖醋液+0.3%～0.5%敌百虫晶体制成诱杀液，诱杀成虫
铜绿丽金龟*Anomala corpulenta* Motschulsky鞘翅目丽金龟科	成虫啃食植物嫩芽、被啃食的嫩叶成不规则的缺口或孔洞，严重的仅留叶柄或粗脉；幼虫生活在土中，为害植物根系	
地老虎，鳞翅目夜蛾科。主要有小地老虎*Agrotis ypsilon* (Rottemberg)、大地老虎*Agrotis tokionis* Butler、黄地老虎*Agrotis segetum* (Denis et Schiffer ü ller)三种	3龄幼虫常栖息在植株的心叶、叶背，昼夜出来活动取食，将叶咬出小孔或缺刻。3龄以后，幼虫白天潜入地下半寸左有的地方，夜间出土为害，有时咬断整株幼苗，造成缺苗	1.幼虫期用50%敌百虫粉剂和炒熟的米糠按1：100比例拌匀后撒施地表诱杀；或用2.5%敌杀死乳油2000～2500倍液于日落后全面喷洒，直至喷湿幼苗茎叶，用药量450～600ml/hm^2；或将采集的新鲜泡桐叶用清水浸泡20～30min后，于傍晚放入圃地上，放900～1200片/hm^2，次日清晨将聚集在泡桐叶上的地老虎幼虫捕捉灭杀。 2.成虫盛发期用黑光灯或其他诱虫灯诱杀
栗实象*Curculio davidi* Fairmaire鞘翅目象甲总科	幼虫蛀食种子，导致种子丧失发芽能力和利用价值	1.诱杀成虫。 2.将种子放在45℃温水中浸种20min，或采用0.15%的福尔马林溶液浸种30min，取出后密封2h，杀死种子内象甲幼虫

A.2 闽粤栲主要有害生物种类及防治方法

表 A.2　闽粤栲主要有害生物种类及防治方法

有害生物种类	主要为害特征	主要防治方法
盗毒蛾*Porthesia similis*鳞翅目毒蛾科	1年发生3～4代，以3龄或4龄幼虫在枯叶、树杈、树干缝隙及落叶中结茧越冬。以幼虫取食树叶	1.营林措施：营造混交林，加强抚育。 2.在幼虫期，喷洒1.2%烟碱·苦参碱乳油800倍液或3%高渗苯氧威乳油4000倍液或1%苦参碱可溶性液剂1200倍液，用药量均为600ml/hm^2。或喷撒Bt或白僵菌或1.1%苦参碱粉剂，用药量均为22.5kg/hm^2。较密的林分，在大气形成逆温层、风速在1m/s以内时，施放苦参碱或烟碱·苦参碱烟雾剂，用药量均为750ml/hm^2。 3.成虫盛发期设置黑光灯或太阳能诱虫灯诱杀。 4.保护与利用天敌
茸毒蛾*Dasychira pudibunda*鳞翅目毒蛾科	1年发生3代，以蛹在树皮缝、杂草丛等处越冬。以幼虫取食树叶	
栎黄掌舟蛾*Phalera assimilis* Bremer et Grey鳞翅目舟蛾科	1年发生1代，以蛹在树皮缝、杂草丛等处越冬。以幼虫取食树叶	
黄刺蛾*Cnidocampa flavescens* Walker鳞翅目刺蛾科	1年发生2代，秋后老熟幼虫常在树枝分叉、枝条叶柄甚至叶片上吐丝结硬茧越冬。以幼虫取食树叶	
褐边绿刺蛾*Latoia consocia* Walker属鳞翅目刺蛾科	1年发生2代，以幼虫在枝干上或树干基部周围的土中结茧越冬。以幼虫取食树叶	
扁刺蛾*Thosea sinensis*鳞翅目刺蛾科	1年发生2代，少数3代。以老熟幼虫在寄主树干周围土中结茧越冬。以幼虫取食树叶	
大袋蛾*Clania vartegata* Snellen鳞翅目毒蛾科	1年发生2代。幼虫以丝撮叶或少量枝梗营造囊护体，并隐匿囊中，袋囊随虫龄不断增大。以老熟幼虫在挂在树枝梢上的袋囊中越冬。幼虫在护囊中咬食叶片、嫩梢或剥食枝干	1.幼虫孵化高峰期或幼虫危害期，喷洒1亿孢子/ml的苏云金杆菌溶液；或喷洒3%高渗苯氧威乳油3000～4000倍液，或1.8%阿维菌素乳油3000～4000倍液，或1.2%苦·烟乳油800～1000倍液；或在大气形成逆温层、风速1m/s以内时，施放苦参·烟碱烟剂，用药量15kg/hm^2。 2.成虫盛发期设置黑光灯诱杀。 3.保护和利用鸟类、寄生蜂等天敌
蓑蛾*Thyridopteryx ephemeraeformis*鳞翅目蓑蛾科	1年发生2代，多以幼虫和卵越冬。以幼虫取食树叶，初龄幼虫性活泼，在叶面、树枝上吐丝造囊，藏于其中。老熟幼虫将囊用丝固定悬挂在植物上，在囊内化蛹	
云斑白条天牛*Batocera horsfieldi* (Hope)	成虫啃食被害树新枝嫩皮，幼虫蛀食被害树韧皮部和木质部，轻则影响树木生长，重则使林木枯萎死亡	1.5～6月成虫活动盛期，人工捕虫。 2.树干注射吡虫啉杀死成虫、幼虫；或树干基部喷洒绿色微雷300倍液、50%杀螟松乳剂150～300倍液、80%敌敌畏乳剂200倍液、10%广效敌杀死2000倍液，可杀死成虫和初孵幼虫

附　录　B

（规范性附录）

小班档案卡

_____县（市、区）____乡（镇、场）_____村（工区）地名______

代码										

林班号____大班号_____小班号_______外业小班号____

1. 地貌类型__________坡向________坡位__________坡度_______°坡长________m；海拔______m；土壤名称_____________土壤厚度__________cm 腐殖质厚度_________cm 立地亚区号________立地类型号__________立地质量等级_____________；灌木名称______________灌木高度___________cm 灌木盖度_____%；草本名称____________草本高度____________cm 草本盖度___________%；山权______________林权______________；地类____________林种________。

2. 造林密度___________造林时间______________造林面积________hm² 造林类型________树种组成_________造林方式__________整地方式_______________良种类型_____________种子来源__________投资费用_______________元，林地建设方式_______________经营类型____________经营措施类型______________经营实体类型_____________。

经营活动情况	时间	项目	规格质量及投资费用	时间	项目	规格质量及投资费用

名称	项目	调查时间				
面积变动情况	原小班面积(hm^2)					
	现小班面积(hm^2)					
	原造林面积(hm^2)					
	面积变化值					
	蓄积变化值					
	变化原因					
林木生长情况	调查日期					
	小班面积(hm^2)					
	保存造林面积					
	树种组成					
	林龄					
	郁闭度					
	单位株数(株/hm^2)					
	保存率(成活率%)					
	平均树高(m)					
	平均胸径(cm)					
	每亩蓄积(m^3)					
	小班蓄积(m^3)					
	生长类型					
	森林经营措施类型					
森林灾害	灾害种类					
	受害面积(hm^2)					
	损失株数(百株)					
	损失蓄积(m^3)					
	治理措施					
	治理费用(元)					
	发生原因					
	备注					

注：灾害种类包括火灾、林业有害生物、干旱、滥伐、盗伐等。

闽粤栲种子及胚根

闽粤栲种子

野外闽粤栲种子

闽粤栲苗木的根系

闽粤栲种子野外萌发的幼树

闽粤栲林分内枯枝落叶状况

闽粤栲实生苗

闽粤栲容器苗

闽粤栲幼树

闽粤栲圃地简易遮阳棚

闽粤栲圃地间苗工作

闽粤栲苗期有害生物防治

喷烟防治闽粤栲虫害

闽粤栲人工促进天然更新林

闽粤栲与杉木混交林

闽粤栲与杉木混交林

闽粤栲与杉木混交林

闽粤栲与杉木混交林

闽粤栲与杉木混交林生长状况

闽粤栲与阔叶混交林

闽粤栲与毛竹混交林

杉木林下栽植闽粤栲